VOLEIBOL

PEDRO APUD

VOLEIBOL

DOMINANDO O JOGO

APUD, P. **Voleibol**: dominando o jogo. São Paulo: publicação independente, 2020.

Copyright © 2020 Pedro Apud
Todos os direitos reservados.

ISBN: 9798662624665
Selo editorial: Independently published

Design da capa: Pedro Apud
Design das ilustrações: Pedro Apud

CONTEÚDO

INTRODUÇÃO
NASCE UM ESPORTE
1

1 CARACTERÍSTICAS
BEM-VINDO AO VOLEIBOL
7

2 FUNDAMENTOS
DOMINANDO O JOGO
19

3 ESTRATÉGIAS
A ALMA DO SUCESSO
33

4 DEMANDA FÍSICA
QUANTO CUSTA TUDO ISSO?
47

5 CAPACIDADES MOTORAS
O SEGREDO DOS CAMPEÕES
53

6 LESÕES
POR DENTRO DO PROBLEMA
71

CONCLUSÃO
HORA DE VENCER
81

REFERÊNCIAS
86

BIOGRAFIA
91

INTRODUÇÃO

NASCE UM ESPORTE

Nasce em 1895 o Mintonette, criado por William George Morgan na cidade de Holyoke, Massachusetts, no atual Springfield College. Morgan criou esse esporte, que mais tarde viria se chamar volleyball, para atender as pessoas mais debilitadas, que tinham dificuldade de correr quadras inteiras e suportar os ocasionais choques que ocorriam, como, por exemplo, no basquetebol. Ele queria um esporte para poder ser praticado em ginásios durante invernos e que fosse pouco estressante para o organismo e ninguém se machucasse. No processo para desenvolver dessa atividade física, foram analisadas as regras do basquetebol, basebol, tênis e handebol. Nesse início, não haviam limites de jogadores e de toques na bola por time durante os jogos.

  A primeira partida oficial aconteceu apenas um ano depois, e no mesmo lugar da criação do esporte. Nesse mesmo evento Dr. Alfred T. Halstead,

O VOLEIBOL

professor de Morgan, sugeriu que o nome do esporte deveria conter as palavras volley e ball (traduzidas como vôlei e bola, respectivamente). Apesar de Morgan ter gostado da ideia, foi apenas em 1952 que o atual nome do esporte foi oficialmente adotado.

No decorrer dos anos o voleibol foi se adaptando e se aprimorando. O tamanho da quadra mudou, foi definido o numero de jogadores por time, foram criados os padrões da bola, foram revisadas também diversas regras de jogo, como, por exemplo: numero de toques, configurações dos sets e invasão da quadra adversária. E em apenas 1896 que o primeiro conjunto de regras foi oficialmente publicado.

Foi em 1930 que o voleibol aterrizou nas areias das praias da Califórnia. Lá o esporte era praticado com algumas regras diferentes e com apenas dois jogadores de cada lado. Mas nada muito diferente, tanto que até hoje são praticamente o mesmo esporte, só que em pisos diferentes.

Os primeiros jogos olímpicos que contaram com a presença do voleibol foram os de Tóquio em 1964. Com a União Soviética e o Japão conquistando as primeiras medalhas de ouro no masculino e feminino, respectivamente. Já o voleibol de areia, 1996 foi o ano de seu lançamento para no mundo olímpico.

Atualmente o voleibol tem a maior federação

INTRODUÇÃO

internacional dentro Comitê Olímpico Internacional (COI). Com 220 federações oficiais e mais de 500 milhões de pessoas praticando de forma organizada no mundo inteiro (VUORINEN, 2018), o voleibol é um esporte rápido, dinâmico e que requer muito tempo para se atingir o alto nível de controle motor exigido para se competir entro os melhores do mundo. Por isso, foi reunido grande parte do conhecimento sobre essa modalidade, como: equipamentos necessários, regras, fundamentos, táticas, sistemas de jogo, demanda física exigida, capacidades motoras envolvidas e as lesões mais presentes entre os praticantes. Tudo isso definido de forma o mais simples e completa o possível. (FIVB, c2020; OLYMPICS, 2015; ENCYCLOPEDIA BRITANNICA, 2020).

1
CARACTERÍSTICAS

BEM-VINDO AO VOLEIBOL

Na introdução vimos como o voleibol surgiu, também com ele cresceu, como chegou no cenário olímpico e, ainda, vimos que é extremamente popular no mundo todo. Uma grande causa dessa popularidade são os esportes relacionados. Com o voleibol de areia, o esporte passou a poder ser praticado em um vasto número de lugares, já que é enorme a área disponível nas praias do mundo todo. Outro esporte relacionado é o voleibol sentado, que cumpre o importante papel de agregar à prática todas aquelas pessoas que, por causa de uma limitação física, não conseguiriam jogar a versão clássica do esporte.

Mas só isso não justificaria ser a maior federação do mundo e mais 500 milhões de participantes formais. A causa pode estar relacionada com sua simplicidade em relação à estrutura mínima para a prática. E ao baixo nível de complexidade das regras básicas, que já são suficientes para que o jogo

O VOLEIBOL

seja possível. Em vista disso, essa capítulo abordou quais são os equipamentos, estruturas e regras básicas envolvidos no voleibol.

QUADRA

Para praticar esse esporte é necessária pouca estrutura: uma quadra, uma rede alta, uma bola e roupas adequadas, apenas.

Começando pelo quadra, a principal marcação da dela é a *linha de quadra*. Essa consiste em um retângulo de 18 metros de comprimento por 9 metros de largura. Dentro desse perímetro estão as *linhas de ataque* e a *linha central* (que fica à 3 metros de cada linha de ataque). Esse conjunto de marcações definem as zonas de jogo: ataque ou frente; defesa ou fundo; saque, e; livre (figura 1). A *zona livre* consiste na área em que o jogador pode usar para se movimentar ou salvar bolas.

O piso das principais quadras do mundo, atualmente, são de *sport court*. Porém ainda pode-se encontrar quadras de borracha, madeira, areia ou concreto (KELLY, 1998). É muito comum encontrar em escolas as quadras de madeira e concreto.

CARACTERÍSTICAS

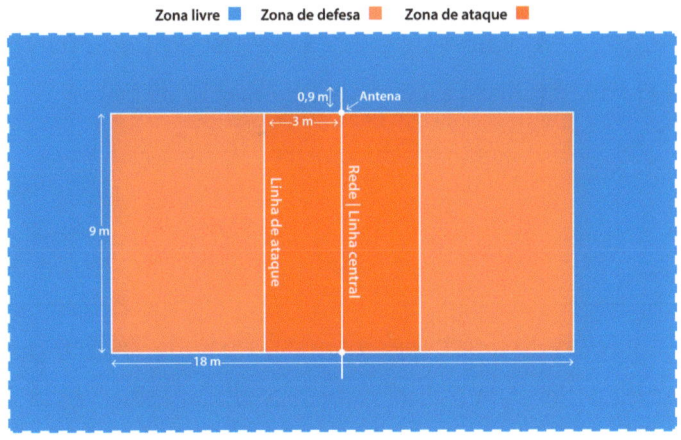

Figura 1 - (FÉDÉRATION INTERNATIONALE DE VOLLEYBALL, 2016)

BOLA

A bola de voleibol não foi invetada junto com o esporte. Inicialmente os primeiro atletas tentaram usar a parte inflável da bola de basquetebol, mas esta era muito leve. Depois usaram a própria bola de basquetebol, só que dessa vez o peso estava em excesso.

Foi apenas em 1900 que A. G. Spalding criou, em sua fábrica de materiais esportivos, uma bola específica para essa prática: a bola que é conhecida hoje em dia. Ela tem uma massa de, aproximadamente, 270 gramas. Um circunferência de 65 à 67 centímetros. E, uma pressão interna de 4,3 à 4,6 psi (*pound per square inch*). Sendo que

O VOLEIBOL

as usadas no voleibol de areia tem uma pressão inferior, com valores de 2,5 à 3,2 psi (FÉDÉRATION INTERNATIONALE DE VOLLEYBALL, 2016).

REDE

A rede usada no voleibol é originária do tênis. A única diferença é a altura: a do voleibol está à 2,24 metros do chão nos jogos femininos, e à 2,43 metros no masculino. Existem duas antenas que são colocadas nas extremidades da rede bem acima das linhas letrais. Elas tem a função de delimitar a por onde a bola deve passar para que o ataque seja válido (DEARING, 2003; FÉDÉRATION INTERNATIONALE DE VOLLEYBALL, 2016).

VESTUÁRIO

Esse não é um esporte que precisa-se de muitos equipamentos pessoais. O praticante apenas necessita de uma roupa esportiva confortável, tênis adequados e resistentes e, se necessário, joelheiras, para proteger o atletas nos recursos onde há queda.

CARACTERÍSTICAS

REGRAS

Aqui foram apresentadas as principais regras de jogos. Porém é importante ressaltar que existem algumas mais, além: para equipamentos, área de jogo, condutas, técnicos, entre outras. As regras de jogo serão divididas em três categorias: formato de jogo, ações de jogo e interrupções. E tudo foi baseado no documento oficial da Federação Internacional de Voleibol (FÉDÉRATION INTERNATIONALE DE VOLLEYBALL, 2016).

FORMATO DE JOGO

Para começar é importante definir como se atinge a vitória. No caso do voleibol, vitorioso é o time que vencer primeiro três sets. Cada set consiste em pontuar 25 vezes. Com no mínimo dois pontos de diferença para o adversário. Se essa variável não for verdadeira o jogo continua. Ou seja, se o placar estiver 24x24 os time devem pontuar até 26 para vencer. Apenas o quinto set vai até 15 pontos.

Um ponto consiste em aterrizar a bola no campo do adversário (exceto a zona livre) passando-a por cima da rede. Vale um ponto também uma falta ou penalidade do adversário. Comete uma falta aquele que realizar uma ação de jogo contrária as regras. Cabe aos árbitros decidirem o que é falta e definir as consequências para isso. Se os dois times cometerem uma falta cada ao mesmo tempo o *rally* é repetido.

Rally é uma sequencia de ações de jogo que acontece após o saque. Se o time que está sacando vence o *rally*, ele ganha um ponto e continua a sacar. Se o time receptor vence, ele ganha um ponto e o direito de sacar.

Para decidir o time que vai começar o jogo com o saque o árbitro realiza um sorteio. O sorteio acontece entre os dois capitães e o vencedor decide entre sacar ou receber ou o lado da quadra que vai começar. O perdedor fica com a derradeira decisão. O próximo passo antes de começar o jogo é um aquecimento oficial que dura 10 minutos.

O jogo começa assim que o jogador com o direito de saque encostar na bola. Para começar o jogo todos os jogadores devem estar em suas respectivas posições de acordo com a ordem apresentada pelo técnico, ou no banco de reservas. A ordem das posições são: fundo direita (1), frente direita (2), frente centro (3), frente esquerda (4), fundo esquerda (5) e fundo centro (6). Assim que o saque for realizado todos podem deixar suas posições em relação aos outros, se movimentarem e ocuparem a área da quadra que quiserem. Após um time vencer um ponto de recepção ele deve realizar

CARACTERÍSTICAS

a rotação no sentido horário. Ou seja jogador na posição 1 vai para a 6, 6 vai para a 5, 5 vai para a 4 e assim por diante. O jogador na posição 1 realiza o saque (figura 2).

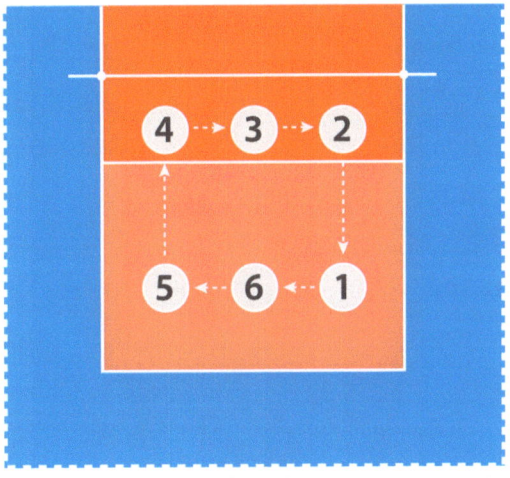

Figura 2

AÇÕES DE JOGO

As ações de jogo acontecem entre a autorização do primeiro árbitro e a finalização de um ponto: por falta, bola dentro ou bola fora. Bola dentro é quando um time consegue que ela encoste na quadra adversária dentro ou nas linhas de quadra. Bola fora é quando ela toca uma das antenas, uma pessoa ou objeto que não está no jogo ou quando ela passa pelo plano da rede, por debaixo dela.

Para devolver a bola para o outro lado um

O VOLEIBOL

time pode realizar um máximo de três toques. Um toque consiste em a bola encostar em qualquer parte do corpo, não podendo ser carregada, segurada ou tocada duas vezes seguidas pelo mesmo jogador. Não é contado toque na ação de bloqueio.

    O jogadores podem passar para o outro lado da quadra por baixo da rede, apenas se a ação não interferir nos adversários. Porém não é permitido qualquer contato com a rede entre as antenas.

    Vide as regras gerais para as ações de jogos, agora foram exploradas as regras para alguns fundamentos (esses foram explicados posteriormente). O primeiro a ser abordado é o saque. Ele deve ser realizado pelo jogador na posição fundo direita (1). E seque a ordem da rotação, ou seja, o jogador na posição frente direita (2) que irá pra a 1 recebe esse direito após um ponto de recepção. A ação consiste em um, e apenas um, levantamento com a mão seguido por um toque levando a bola em direção ao outro lado da quadra, isso deve acontecer em, no máximo, 8 segundos após a autorização do árbitro. E o atleta não pode pisar dentro da quadra.

    São consideradas ações de ataque todas que levam a bola à quadra adversária, menos saque e bloqueio. Os jogadores das posições 1, 6 e 5 podem realizar a ação apenas se o último contato com o chão for atrás da linha de ataque, a não ser que a bola esteja abaixo da linha de rede. Não pode ser

CARACTERÍSTICAS

realizado o ataque com a bola acima da linha de rede no primeiro toque após o saque do adversário. Bloqueios são ações que acontecem perto da rede. Para ser válida é necessário que o toque seja acima da linha de rede. Não é permitido bloqueio do saque adversário. E o líbero (explicado posteriormente) não pode realizar essa ação.

INTERRUPÇÕES

Interrupções são os momentos entre o final do *rally* e a autorização do árbitro para o saque. Existem interrupções regulares, são elas: pedidos de tempo e substituições. Cada time pode realizar dois pedidos de tempo e seis substituições por set e cada uma dessas interrupções duram 30 segundos. Esses pedidos não podem ser feitos consecutivamente, é necessário um *rally* entre eles. Cada substituição pode ser feita com dois ou mais atletas. Interrupções irregulares são aquelas não previstas nas regras. Por exemplo: lesões, brigas e etc..

Além disso, nos jogos oficiais acontecem descansos técnicos de 1 minuto, após o 8º e 16º ponto do time que está liderando. Durante esses períodos os jogadores devem permanecer na zona livre, e são autorizados a beber água, outros líquidos, conversarem e etc..

2
FUNDAMENTOS

DOMINANDO O JOGO

Agora que já conhecemos algumas regras que regem o voleibol e os equipamentos necessários para se praticar esse esporte. Podemos entender quais são os fundamentos do jogo e como eles funcionam. Assim como a maioria dos esportes (principalmente os jogos coletivos), o voleibol exige de todos os jogadores que tenham domínio de algumas habilidades fundamentais básicas antes de se destacarem no esporte. Essas habilidades compõem os fundamentos, e são eles: saque, recepção, levantamento, ataque e bloqueio.

Fundamentos são, por definição, a base ou conjunto de ferramentas que permitem fundar um sistema (de jogo - no caso do voleibol). Dentro dos fundamentos existem os recursos. Esses são meios pelo qual se vence uma dificuldade. No mundo do voleibol os fundamentos são as ações que devem ser realizadas para se atingir o objetivo do jogo. E para realizar essas ações são utilizados os recursos ou habilidades básicas (SGMA; USA Volleyball, 2013).

SAQUE

Para definir os fundamentos nada melhor que começar pelo que da início ao jogo: o saque. A importância desse fundamento é inquestionável, visto que um saque mal realizado dá ao adversário um ponto e direito dele de sacar. Por isso, no esporte competitivo e de alto nível o recurso mais comum é o *jump serve* (figura 3) pois é mais poderoso e, portanto, mais eficiente e decisivo. Esse recurso é praticamente um ataque na linha de fundo. Pois o jogador levanta a bola com a mão não dominante, corre, salta e realiza uma cortada em direção à quadra adversária. Seguindo a ordem de recursos com maior para menor potência, o próximo é o *serving overhead* (figura 3).

No saque *overhead* o jogador joga a bola para cima com a mão não dominante, e realiza a cortada sem sair do lugar, apenas dá um passo à frente. Esse é o *jump serve* só que sem altar. Além disso, também existe o recurso *serving underhead*. Esse recurso de saque é utilizado nas fases iniciais do aprendizado, por ser mais fácil de se conseguir boa precisão e consistência. O saque *underhead* é realizado segurando a bola com a mão não dominante à frente

FUNDAMENTOS

do corpo e soltando-a no momento antes do contado com a outra mão (figura 3) (DEARING, 2003).

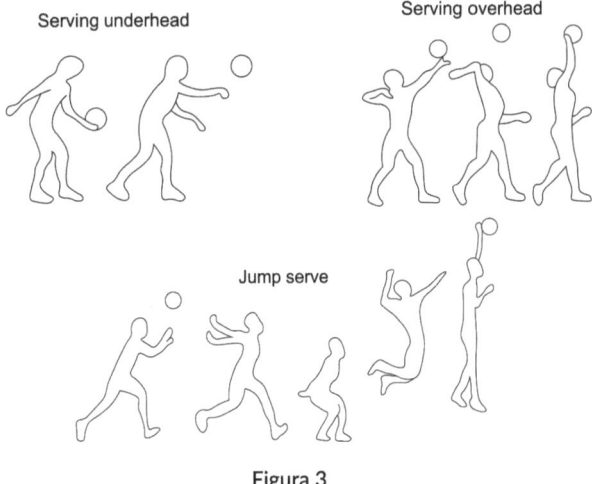

Figura 3

RECEPÇÃO

A regra dos três toque é exclusiva ao voleibol dentro do mundo esportivo. Apesar de não ter sido criada no início, hoje é uma das principais características do esporte (USA VOLLEYBALL, 2007). O primeiro desses três toques - recepção ou defesa - acontece logo após o saque, ou na defesa de um ataque. Ele tem o objetivo de controlar a bola e direcioná-la para o jogador que vai fazer o próximo.

Normalmente esse funamento é executado com o recurso da manchete. Que consiste em unir as mãos para baixo na frente do corpo e deixar a bola bater nos antebraços (figura 4). Os segredos para se ter bons resultados nesse fundamento é manter, antes da bola chegar, uma base bem larga das pernas, os braços abertos, mover as mão separadas em direção da bola e manter os olhos sempre na bola.

Os principais erros de execução do recurso da manchete são: levantar a mão e estender as pernas ou dar um passo, durante o contato com a bola. Esses erros acontecem possivelmente porque o atleta quer dar ao toque mais potência. Porém isso não é necessário, visto que só a velocidade do soque já o suficiente para a bola rebater nos braços e cumprir com o objetivo do toque (figura 4) (DEARING, 2003).

Figura 4

FUNDAMENTOS

Além disso a recepção pode ser feita de outras cinco maneiras. A primeira acontece com as mãos encostando simultaneamente na bola acima da cabeça (toque). Esse recurso é realizado normalmente pelos jogadores da linha da frente (posições 2, 3 e 4) após o saque, isso acontece quando eles percebem que podem fazer a recepção mas a bola não está baixa o suficiente para fazer a manchete (figura 4).

Recepções após ataques mais distantes do corpo do defensor geralmente são feitas com os recursos "peixinho" ou rolamento. O "peixinho" é um mergulho para impedir que a bola toque o chão. O jogador termina o movimento sobre seu próprio abdômen e encosta na bola no instante antes dela chegar ao chão. Rolamento é parecido com uma manchete só que com a bola longe do centro de corpo. Por isso, o jogador após o contato, realiza um rolamento lateral para impedir que se machuque (figura 4).

Por último, os jogares ainda podem usar o "martelo" e a defesa com o pé. Esses dois recurso finais de defesa são os menos utilizados. Aliás, é raro de se ver jogadores no voleibol moderno realizando o "martelo". Esse consiste em fechar as duas mão unidas sobre a cabeça e deixar a bola bater no antebraço. É usado caso a bola esteja alta para empregar a manchete e rápida para o toque por cima da cabeça. A defesa com o pé acontece quando o jogador não conseguirá aplicar o "peixinho", pois a bola está longe e, ainda, não há espaço. Também pode ser usado quando não há tempo de abaixar para empregar a manchete (figura 4).

LEVANTAMENTO

O segundo dos três toques normalmente acontece com o passe por cima da cabeça. Mas também pode ser feito com o recurso da manchete, porém esse é menos preciso (figura 4). Característica essa que é fundamental para esse toque, visto que o jogador necessita "colocar" a bola no lugar certo para o próximo realizar o ataque.

Nesse toque, diferentemente dos outros, existe um jogador responsável por ele, no esporte atual. Todo o time tenta, na hora da defesa ou recepção, passar a bola para o levantador. Ele é o especialista em passar a bola no segundo toque. E tem a responsabilidade de propiciar condições perfeitas para o ataque à quadra adversária.

Tecnicamente o passe por cima da cabeça também é diferente da manchete, claramente. O ponto aqui é que um erro técnico da manchete é um movimento importante para se ter sucesso no passe por cima da cabeça. Nele o jogador deve

FUNDAMENTOS

usar as pernas para impulsionar o movimento. Outra característica importante é deixar as mão ligeiramente abertas sobre a cabeça antes do toque, para poder ter boa visão da bola e, também, para ela se "moldar" na bola, assim diminuindo a chance de toque duplo (figura 4).

Além disso, os melhores jogadores do mundo tem a capacidade de "esconder" o movimento. Ou seja, dificultam a antecipação por parte dos adversários que tentarão efetuar o bloqueio. Isso acontece pois o passe por cima da cabeça pode ser feito para até os cinco os jogadores restantes do time. Alguns deles, inclusive, para trás do levantador (figura 5) (DEARING, 2003).

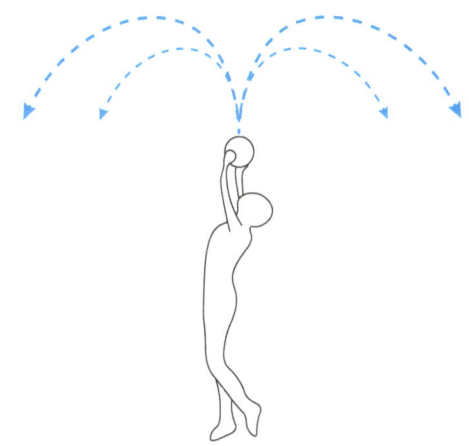

Figura 5

O VOLEIBOL

ATAQUE

O último dos três e, talvez, mais importante toque é o ataque. Esse toque é responsável por criar heróis. Jogadores que realizaram bons ataques em momentos cruciais de jogos importantes automaticamente escrevem seus nomes na história do voleibol, quiçá, na história esportiva em geral. O vôlei é um esporte coletivo que demanda extrema sincronia e entrosamento entre os jogadores. Em razão disso, é obvio que para esses bons ataques acontecerem foram necessárias boas defesas e bons levantamentos. Porém o que o público comum observa é o atacante, o que finaliza a jogada e que faz o ponto. Por isso, eles acabam transformando-se no heróis esportivos.

Para desempenhar um bom ataque o jogador deve conseguir dominar as ações de correr, saltar e golpear, tudo isso em sequência e em sincronia. O levantador tem o função de fazer o melhor passe possível, mas o atacante tem o dever de conseguir se antecipar, como se todos os passes forem pra ele. Por isso, em jogos de vôlei, é comum vermos todos os jogadores pulando ao mesmo tempo quando o levantador vai fazer seu toque.

O maior desafio do ataque são os bloqueadores. Tirando alguns casos raros em que o levantador consegue enganar todos os jogadores da

FUNDAMENTOS

linha da frente do time adversário. Todos os ataques contam com um à três jogadores tentando impedir que a bola do ataque passe para o outro lado da quadra. Para vencer esse desafio o atacante deve utilizar recursos de mudança de direção.

Ele pode mudar a direção da bola para que ela passe no espaço entre as mão dos bloqueadores e a antena da rede (paralela). Também pode cruzar a bola na outra direção. Ou ainda pode efetuar a deixadinha, uma das mais bonitas jogadas do esporte. Essa consiste em interromper o cartada e apenas tocar na bola para que ela passe por cima do bloqueio e caia no meio da quadra. Um último recurso disponível para os atacantes é o de explorar o bloqueio. Isso significa cortar a bola de modo que ela desvie no bloqueio e saia da quadra - toque na zona livre ou fora do campo - sem dar chance para o outro time salvá-la (figura 6) (DEARING, 2003).

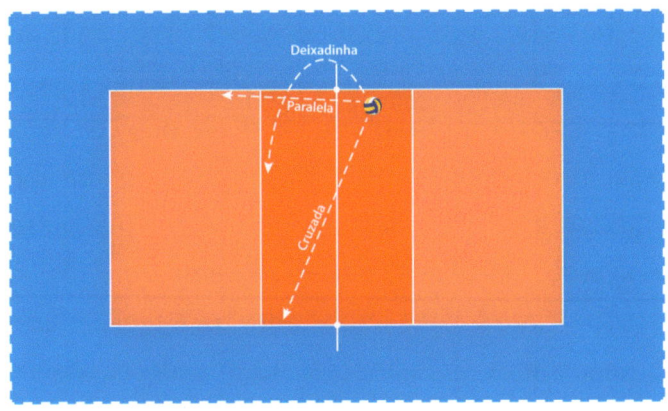

Figura 6

O VOLEIBOL

BLOQUEIO

Todos os jogadores sabem que jogos são vencidos através de ataques e bons saques. Por isso times ao redor do mundo utilizam-se de táticas para interromper esses ataques, que, em condições normais, são extremamente vantajosos para quem o está executando. A principal tática é criar uma barreira na frente da bola com o máximo o possível de jogadores para que a bola seja bloqueada.

Esse é único salto do vôlei que exige dos atletas uma relativamente alta potência. Isso porque esses devem ser executados em pouco tempo. Pois o jogadores não sabem para onde o levantador vai passar a bola (UGRINOWITSCHI et al, 2007).

Tecnicamente esse é o mais simples dos fundamentos. Os mais importantes recursos são manter as mãos ligeiramente afastadas, rígidas e sobre a rede. Pois, no caso de mãos "moles", a bola bate nelas a passa como se não tivesse nada ali, podendo até machucá-las. E, obviamente, não adianta nada o jogador tentar bloquear se ele não consegue passar as mão sobre a rede. Cabe a ele também abrir as mãos e afastá-las, para assim ocupar a maior área possível sobre a rede e, consequentemente, dificultar o ataque. Outro fator importante para realizar bons bloqueios é a antecipação. O jogadores devem desenvolver a habilidade de "ler" os movimentos

FUNDAMENTOS

dos levantadores e, assim, poderem se antecipar para o local de onde acontecerá o ataque (figura 7) (DEARING, 2003).

Figura 7

3
ESTRATÉGIAS

A ALMA DO SUCESSO

Dados os movimentos corporais mais usados e eficientes do voleibol atual. Esse capítulo descreve como usá-los dentro de estratégias e táticas. Essas são, aliadas aos super atletas, as razões pelas quais um time faz história e outro não.

As táticas do voleibol podem parecer complexas num primeiro momento, porém esse é um esporte relativamente simples de se dominar, estrategicamente falando e em comparação com outros, como o basquetebol. A principal estratégia adotada por equipes de voleibol do mundo inteiro para se atingir a vitória, é a de aumentar ao máximo a eficiência dos jogadores. Para isso os técnicos tentam deixá-los o mais descansados e o mais especializados em determinada posição o possível. Ou seja, deixar cada jogador responsável por uma função específica: levantamento, ataque pelo fundo, meio, direita ou esquerda e defesa. E permitir que eles não fiquem limitados por fadiga exagerada

O VOLEIBOL

durante as partidas. Para atingir tal façanha - máxima eficiência - são utilizadas algumas táticas. Essas táticas são sistemas de jogo que visam determinar as posições e o que cada jogador deve fazer.

SISTEMA 6X0

Os números nos nomes dos sistemas de jogo no voleibol significam quantos jogadores são atacantes e quantos são levantadores, respectivamente. Nesse sistema todos os jogadores tem a mesma função: podem levantar, defender ou atacar em todos os momentos da partida. Apenas cabem aos jogadores cumprirem as regras da rotação. Com isso, o jogador na posição 3 acaba realizando o levantamento, por estar num lugar mais adequado para isso. No 6X0 - ou 6X6 - não há qualquer especialização, como mencionado anteriormente. Porém o sistema exerce importante função no esporte.

Ele é muito utilizado nas fases iniciais do aprendizado. Isso visa propiciar que todos passem e experienciem todas as partes do jogo. E, consequentemente desenvolvam um programa motor mais rico, devido a variabilidade da prática. O que também aumenta a motivação e permanência na atividade. Gerando, assim, maiores chances de se

ESTRATÉGIAS

formarem jogadores de alto nível (MAGILL, 2011).

SISTEMA 4X2

Nesse sistema 4 jogadores são atacantes e 2 são levantadores. No 4X2 os levantadores ficam em posições opostas. Ou seja, enquanto um está na 3 o outro está na 6. Sempre assim, nas posições: 3 e 6; 2 e 5, e; 1 e 4. Dessa maneira o time tem a garantia de que sempre terá um levantador na rede com mais dois atacantes.

Porém também existe o sistema 4X2 invertido. O nome vem da noção de que o levantador que está no fundo da quadra e seria responsável pela defesa apenas, naquele momento da rotação. Se não for exigido a defesa, ele avança para a frente da quadra para realizar o levantamento. Enquanto isso o que já está frente se prepara para atacar.

Por conseguinte, o time terá três atacantes disponíveis na linha da frente. O único problema é que os levantadores também teriam que ser especialistas em atacar. Por isso, esse sistema de rotação pode ser chamado de 6X2 também. Visto que todos os 6 jogadores podem atacar e apenas dois são levantadores.

O VOLEIBOL

SISTEMA 5X1

Amplamente utilizado atualmente no voleibol mundial, o sistema 5X1 é o mais comum no mundo do alto rendimento. Isso porque é onde se encontra a maior eficiência possível, por especialização dos jogadores. Como são 5 jogadores para o ataque e apenas 1 com a exclusiva função de levantar. Acaba que cada um se especializa numa função. Como: levantamento, ataque pelo meio, ataque pelas laterais, etc..

Essa formação é extremamente eficiente não só por causa da especialização dos jogadores. Mas também porque sempre que o levantador estiver na linha de trás terão 3 atacantes disponíveis na rede, e quando ele estiver na frente (e protegido) terão dois ao lado dele. Além dos outros dois ou três que podem atacar a partir do fundo da quadra.

Isso torna esse sistema mais complexo em relação aos outros. Pois, para fazer com que todos os jogadores estejam em suas respectivas posições na hora de executar o ataque, o levantador fique "protegido" para não receber o saque e possa fazer o segundo toque quando estiver na linha de trás e, ainda, todos respeitem as regras de rotação, os times adotam formações de defesa que, aos olhos de leigos, parecem uma confusão enorme. Essas formações de recepções foram explicadas na seção

ESTRATÉGIAS

protegendo o levantador.

FORMAÇÃO "W"

Essa formação de recepção é comumente utilizada aliada ao sistema 6X0 mas também pode ser usada na sistema 4X2. Ela é relativamente simples. Basta que os jogadores das posições 2 e 4 recuem para depois da linha de ataque, os das posições 1 e 5 deem um passo para trás e o da posições 6 aproxime-se da linha de ataque. Deixando assim o jogador da posição 3 livre para realizar o levantamento (figura 8).

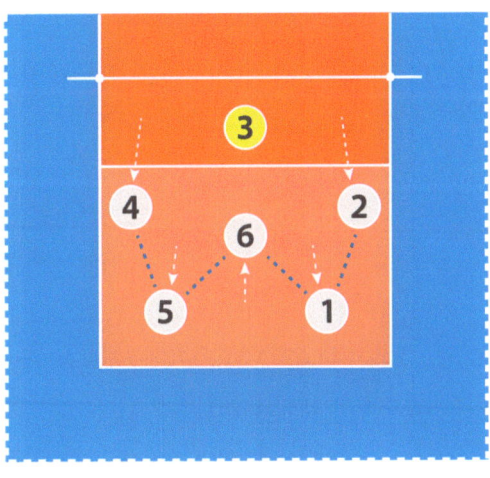

Figura 8

O VOLEIBOL

Essa formação é utilizada por iniciantes e crianças, pois 5 é o número jogadores responsabilizados pela recepção do saque. E isso faz com que sobre pouco espaço para cada um ocupar e, consequentemente, não haja necessidade grande agilidade, mobilidade e repertório de recursos já desenvolvidos. O que é ideal para essas pessoas.

PROTEGENDO O LEVANTADOR

No voleibol de alto nível os jogadores tem, cada um, a sua função. Normalmente em um time se tem dois atacantes centrais (AC), dois atacantes de ponta (AP), um atacante oposto (OP) e o levantador. Os ACs são jogadores normalmente bem altos que jogam na posição 3. Eles são especialistas em bloquear e fazer os ataques mais rápidos no centro da rede. Os APs exercem duas funções importantes na equipe: a recepção de saque e os ataques pelas extremidades. O OP é o especialista em ataques da equipe, ele tem a responsabilidade de fazer ataques tanto na rede quanto no fundo, e assim suprir a deficiência de apenas dois atacantes na rede quando o levantador está nas posições 2, 3 ou 4. O nome vem porque ele está na posição oposta ao levantador, se ele estiver na 4 o levantador está na 1, e assim por diante.

ESTRATÉGIAS

Para cada um desses jogadores cumprir suas funções definidas são necessários esquemas de posições que os coloquem em seus lugares durante todas as rotações. Ou seja, um esquema que permita que apenas quem possa fazer a recepção a faça, sempre o levantador receba o passe para fazer o segundo toque e os ACs, OP e APs estejam em posições de ataque.

A fim de entender a lógica desses posicionamentos, primeiro é necessário saber qual é posição base dos jogares. Ou seja, onde os jogares devem estar para fazerem a o levantamento e o ataque e quais são as restrições relativas à rotação. A posição base consiste em o levantador ficar próximo à rede ligeiramente afastado do centro. O OP numa das laterais para atacar, independentemente se

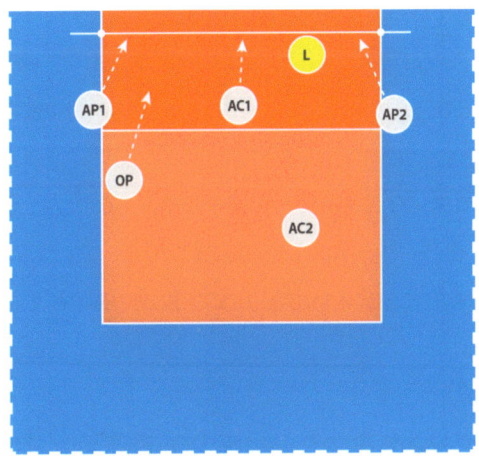

Figura 9

estiver no fundo ou na rede. Os ACs ficam: um no centro da quadra para atacar e o outro no fundo. E, por fim, os APs: ambos vão para uma das laterais para atacar, isso se estiverem na rede; se estiverem no fundo permanecem lá (figura 9).

Mas essa é a posição final, a posição desejada para fazer o ataque. O ponto aqui são as posições para cada rotação antes da recepção. Isto é, onde cada jogador deve estar para que o saque não seja direcionado para alguém que não pode recepcioná-lo. Ou porque não é o especialista ou porque é o levantador e precisar receber o passe e fazer o segundo toque. A primeira rotação é com o levantador na posição 1, ou seja, quando ele acabou de perder seu ponto de saque. A segunda ele está na posição seguinte e assim por diante.

Rotação 1: todos permanecem em seus lugares, apenas o atacante de ponta na posição 2 (AP1) e o levantador (L) vão para o fundo da quadra; de modo em que o levantador fique protegido e não possa receber o saque (figura 10).

Rotação 2: o L, que está na posição 6 e o OP, na posição 3, vão juntos para perto do AC1, o AP2 recua da posição 4 para a 5 o suficiente para ainda ficar à frente do AC2, que saiu da posição 5 para a 6 (figura 10).

Rotação 3: nessa, o L e AP2 praticamente trocam as posições. L, que está na 5, vai para 4. E

ESTRATÉGIAS

AP2, da 3 vai para a 5. Mas isso ainda respeitando as regras de rotação Como mostrado na figura 6, o L ainda se mantem atrás do AC2 e o AP2 à esquerda

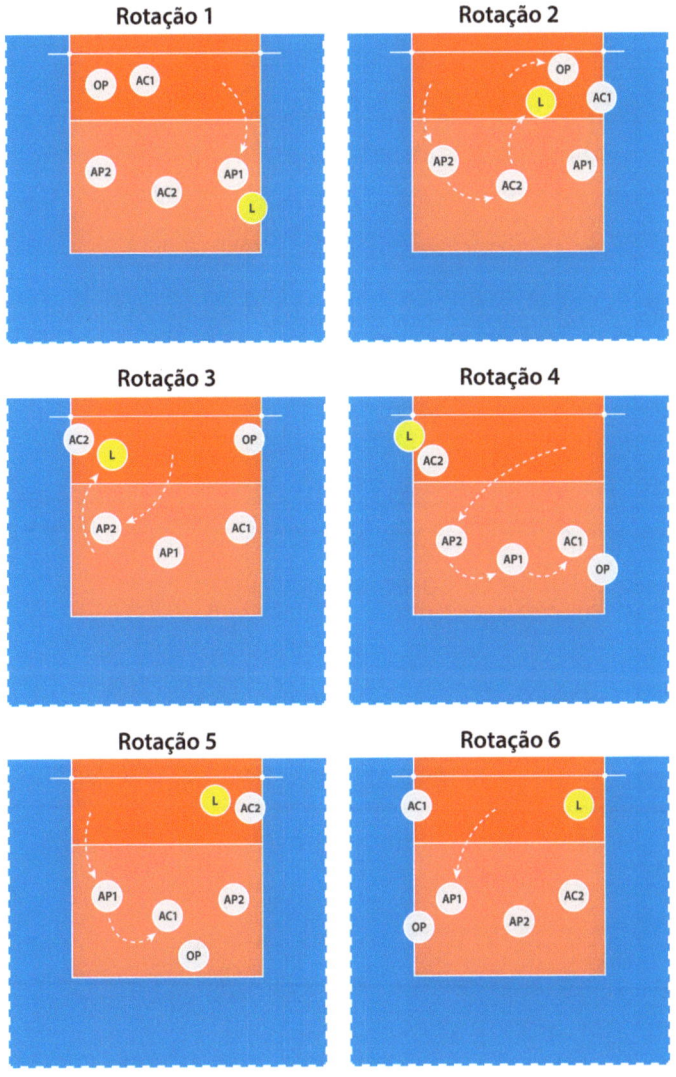

Figura 10

dele.

Rotação 4: aqui o AC2, que está na posição 3, aproxima-se do L, que está na posição 4. Isso, para o AP2 sair da posição 2 na direção da 5. O AP1 e o AC1 mudam uma posição para direita cada. E o OP fica atrás do AC1 para não receber o saque, pois ele normalmente não é o especialista (figura 10).

Rotação 5: assim como na anterior, o time esconde o OP. Só que dessa vez apenas o AP1 recua da posição 4 para a 5 e o AC1 muda da 5 para a 6. O L e o AC2 ficam bem próximos na rede pois terão que trocar suas posições após o contato com a bola (figura 10).

Rotação 6: na última, o AC1, que está na posição 4, fica bem no canto da quadra para o AP1 caminhar da posição 3 para a 5 e esconder o OP. O resto permanece como estava (figura 10).

LÍBERO

Seguindo a linha de que a especialização é o caminho da vitória. Essa categoria de jogador foi criada em 1998 para permitir que pudessem existir jogadores exclusivamente especialistas na defesa. O líbero, muitas vezes o mais baixo em quadra, tem várias restrições de ação: não pode sacar, atacar e nem levantar para alguém atacar na frente da linha

ESTRATÉGIAS

de ataque.

    A grande vantagem da utilização desse tipo de jogador está na especialização, eles normalmente tem a habilidade de fazer passes para o levantador com extrema precisão. Além disso são pessoas ágeis que conseguem salvar bolas "perdidas". Ademais, exstem algumas regras que facilitam a utilização dessas habilidades durante os jogos.

    As substituições são ilimitadas e não precisam da autorização do árbitro. Apenas precisam acontecer antes do apito de autorização do saque. O líbero está sujeito as regras de rotação do jogador que substituiu e deve entrar na quadra na posição 1 e sair antes de chegar na 4.

    No caso do sistema 5X1, que é o mais utilizado no mundo do alto rendimento, como já explicado anteriormente, o líbero entra no lugar do atacante de centro que está na linha de fundo. Ou seja, assim que um AC chegar na posição 1 e perder seu ponto de saque, ele troca sua posição com o líbero. E quando o mesmo chegar na posição 5 e o time vencer o ponto, o AC volta para o campo. Nessa o hora o outro AC sacará. E assim que o time perder o ponto, o líbero entra novamente (FÉDÉRATION INTERNATIONALE DE VOLLEYBALL, 2016).

4
DEMANDA FÍSICA

QUANTO CUSTA TUDO ISSO?

No capítulo prévio olhamos como são jogados campeonatos no mundo inteiro, do mais alto nível até crianças aprendendo conhecendo o esporte. Neste ponto entramos no assunto treinamento, ou seja, as características que os jogadores devem ter mais desenvolvidas para desempenharem melhor. E para começar, como o título da capítulo já menciona, aqui foi analisada a demanda física do esporte. Ou melhor dizendo, quando custa para o organismo jogar vôlei, qual é o principal substrato energético envolvido e como ele é utilizado?

O voleibol é um esporte que não tem limite de tempo para terminar. Os jogos só são finalizados quando um dos dois times vence dois sets (FÉDÉRATION INTERNATIONALE DE VOLLEYBALL, 2016). O tempo da partida é determinado pela duração do *rally*, do tempo de descanso, nível dos jogadores e sistema de pontuação (HÄYRINEN et al, 2011). Porém o que é realmente importante são os tempos dos *rallies* (plural de *rally*), pois são os momentos ativos, onde os times podem pontuar e, consequentemente, vencer partidas.

    Voltando a atenção para esses momentos. Pode-se notar que os jogadores não realizam longas corridas. Mas que se movem de tal maneira que o jogo é composto por curtas e rápidas movimentações. A duração média desses *rallies* está entre 6 e 10 segundos. E, isso, ainda alternando com tempos de repouso de 16 à 20 segundos de duração média. Unindo esses valores, o voleibol tem uma razão entre trabalho e descanso de 1:1,6 no mínimo, 1:3,3 no máximo e uma média de 1:2,4. Com isso, Almeida et al. (2015) comprovam que o metabolismo predominante no voleibol é o anaeróbio alático. Mas também acrescenta que essa duração das pausas de trabalho não são suficientes para recuperação total do ATP-CP, sendo necessário o uso de glicogênio muscular para realização dos trabalhos mecânicos, aumentando, assim, o risco de fadiga. Porém isso foi obtido analisando jogos juvenis.

    Contudo esses dados tem sua validade, visto que Palao et al. (2014) encontram valores aproximados de trabalho e descanso no voleibol de praia de alto nível. Os autores apresentam uma média de 7,26 segundos de duração para o *rallies* e 20,08 segundos para os descansos, gerando uma razão 1:2,8 na média para os sets.

DEMANDA FÍSICA

Além disso Sánchez-Moreno et al. (2016), analisando jogos de alto nível de voleibol de quadra, encontram números parecidos: para a duração dos *rallies* foi obtida uma média de 4,9 segundos com desvio padrão de 4,3 segundos; para os descansos, uma média de 29 segundos com desvio padrão de 19,4 segundos. A partir desses valores os autores obtiveram uma razão de 1:5±0.17 segundos. Apesar de a razão ser maior, os valores transitam pelo já mostrados anteriormente. Uma possível explicação para isso é o nível de intensidade. Os jogadores de quadra de alto nível conseguem aplicar uma intensidade de jogo extremamente alta na hora de executar os fundamentos, resultando numa maior necessidade de descanso. O que não acontece no juvenil nem na areia. Visto que, no primeiro, os jogadores ainda não tem uma potência muscular muito bem desenvolvida e, no segundo, as limitações da areia aumentam o tempo de execução dos movimentos e, consequentemente, diminuem capacidade de gerar potência e aumentar a intensidade, por parte dos jogadores.

Vide os resultados apresentados pode-se concluir, a partir do princípio biológico da especificidade, que o treinamento físico para o voleibol deve ser feito o mais próximo o possível desses valores de trabalho e descanso. Ou seja, treinos onde o tempo de descanso seja cinco vezes

O VOLEIBOL

maior que o tempo dos esforços e que estes sejam intercalados. Isso porque é de extrema importância que os jogadores desenvolvam a capacidade de sintetizar e utilizar o glicogênio muscular na velocidade exigida pelo jogo. Além disso, todos os dados unidos permitem a confirmação de que o principal metabolismo no jogo é o anaeróbio alático, por causa dos movimentos intensos e que duram até 15 segundos, de mádia (FOX; BOWERS; FOSS[1], 1991 apud ALMEIDA et al. 2015).

---

[1] FOX, E. L.; BOWERS, R. W.; FOSS, M. L.; **Bases Fisiológicas da Educação Física e dos Desportos**. 4th ed. Rio de Janeiro: Guanabara, 1991.

5
CAPACIDADES MOTORAS

O SEGREDO DOS CAMPEÕES

Continuando com assunto treinamento do vôlei, este capítulo trata das capacidades motoras. Que diferentemente da demanda física que pode ser desenvolvida, essa é uma característica que diferencia os melhores do mundo de bons atletas. *Capacidade* é uma característica que serve como determinante do potencial de realização para o desempenho de uma habilidade. Agora, *capacidade motora* é a que refere-se ao desempenho em uma habilidade motora (MAGILL, 2011). No voleibol, podemos identificar algumas capacidades subjacentes às habilidades presentes no jogo, e que são importantes para se atingir um bom desempenho. Por isso, nesse capítulo foram identificadas todas elas e também apresentados alguns métodos para se treinar cada uma delas. Um exemplo da relação entre um fundamento, suas habilidades e as capacidades subjacentes seria: no saque o jogador precisa ter desenvolvidas as habilidades de segurar a bola, postura, lançamento da bola, corrida na direção da bola, salto no tempo da bola, contato com a bola

O VOLEIBOL

e aterrizagem; e essas estão relacionadas com as capacidades: orientação da reação, velocidade do movimento de braço, grau de controle, etc. (figura 11). Vale destacar que em quase todos os exercícios os jogadores estão treinando mais de uma dessas habilidades, mesmo que o técnico esteja utilizando o método analítico.

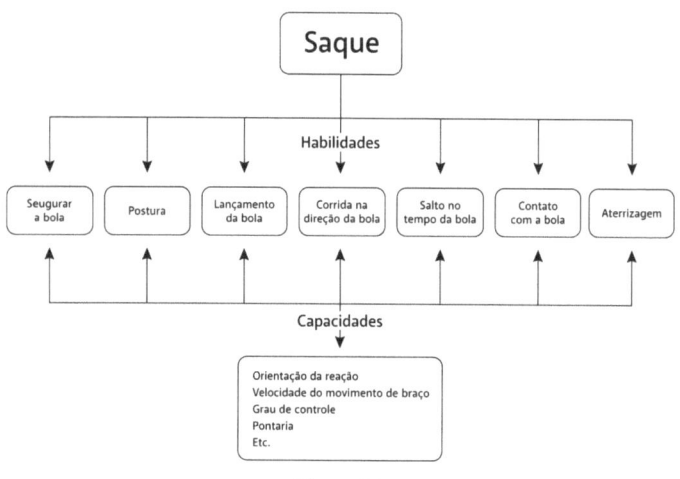

Figura 11

Este consiste em trabalhar os movimentos do jogo separadamente, com um número elevado de repetições e séries. Em oposição a esse método existe o global, que por sua vez a evidência está nos elementos técnicos e táticos. Nesse faz-se o uso de elementos como bola, companheiros, adversários e jogos ou minijogos, com isso todos trabalham juntos e são expostos à possibilidade de resolverem

CAPACIDADES MOTORAS

problemas e situações complexas (COSSIO-BOLAÑOS et al. 2009). Além disso, cabe salientar que já são amplamente reconhecidas as deficiências do analítico como método de ensino-aprendizagem para capacidades técnicas. O método global, por sua vez, exibe grande potência para a melhora desse rendimento (SILVA; GRECO, 2009).

PERCEPTIVAS

Um artigo com um vasto número de citações, e usado até hoje por muito autores para descrever capacidades motoras, mostra que existem duas principais categorias: capacidades motoras perceptivas e capacidades motoras de proficiência físcia (FLEISHMAN, 1972). As perceptivas são divididas em 11 novas categorias, porém apenas 5 delas são importantes para o voleibol, isso talvez porque esse não é um esporte que envolve muitas habilidades motoras discretas, ou seja movimentos que envolvem apenas um pequeno grupo muscular. São capacidade perceptivas presentes no voleibol: orientação da reação; tempo de ração; velocidade do movimento de braço; grau de controle, e; pontaria. Essas cinco serão os temas das próximas subdivisões desse capítulo, com breves explicações e exemplos de exercícios em que elas são subjacentes às habilidades executadas.

ORIENTAÇÃO DA REAÇÃO

Por definição, essa primeira capacidade envolvida com o voleibol é o potencial de fazer uma rápida seleção dos controles a serem movidos ou da direção a tomar (MAGILL, 2011). No esporte em questão ela está envolvida principalmente com as seguintes habilidades: prever os movimentos dos levantadores com a finalidade de obter sucesso no bloqueio; saltar no momento e direção certa para o contato com a bola no saque, e; o contato na hora do ataque. Porém essa está presente em quase todos os fundamentos do vôlei, visto que esse é um esporte em que a bola sempre está em movimento e o jogador deve basear suas reações nessas informações e em tempo real. Por isso, para desenvolver as habilidades envolvidas a fim de aproximá-las ao nível da capacidade, basta submeter o jogador a qualquer jogo ou minijogo de vôlei. Porém pode-se criar exercícios analíticos que foquem mais especificamente nessas habilidades. Como, por exemplo: o técnico de um lado da rede lançando várias bolas em sequência e o jogador do outro lado efetuando recepções.

CAPACIDADES MOTORAS

TEMPO DE RAÇÃO

Essa é a capacidade de responder a um sinal sonoro ou visual o mais rápido o possível (MAGILL, 2011). Ela está envolvida principalmente com defesas de ataques rápido que passaram ou desviaram no bloqueio ou nos próprios bloqueios, visto que os atletas precisam se projetar em direção ao atacante o mais rápido o possível, pois a bola caminha em alta velocidade após o levantamento. Para treinar isso basta submeter o jogadores a essas situações - defesa e bloqueio -. Por exemplo: o técnico de um lado da quadra, encima de uma plataforma próxima à rede, lançando bolas para outro lado e o jogador, do outro lado, de costas para o rede, ao sinal do técnico, vira e tenta defender as bolas. Porém isso é um exercício analítico, um possível exercício global seria criar um jogo que estimulasse essa situação, como adicionar uma regra em que no segundo toque o jogador possa segurar a bola e, assim, permitir que os ataque sejam perfeitamente executados e, consequentemente, o defensor seja estimulado a tomar decisões mais rápidas.

O VOLEIBOL

VELOCIDADE DO MOVIMENTO DE BRAÇO

Como definido por Magill (2011), velocidade do movimento de braço é a capacidade de fazer um movimento de braço global, discreto, em que a precisão é mínima. É obvio que essa capacidade está presente no voleibol, uma vez que é um esporte praticado com os membros superiores, majoritariamente. Porém não são todos os movimentos em que ela está presente. Por exemplo, nos saques os jogadores, muitas vezes, o efetuam de forma mais lenta e precisa. O exercício global apresentado na seção prévia pode perfeitamente ser usado aqui. Entretanto, por fins de avultar a informação, cabe desenvolver outro exemplo: dois times de três pessoas jogando em apenas metade da rede; todas as regras são normais apenas são proibidos bloqueios e, para agilizar o jogo, o saque apenas é um lançamento simples.

GRAU DE CONTROLE

De acordo com Magill (2011), essa é a capacidade de regular o tempo dos ajustes antecipados contínuos do movimento em reação a mudanças de velocidade e/ ou direção de um alvo ou objeto em movimento. Um exemplo apresentado

CAPACIDADES MOTORAS

pelo autor é dirigir um carro numa estrada. No voleibol o principal exemplo é a recepção de um saque em que o jogador mantem seu corpo sempre na direção da bola, o bloqueio em que o jogador tenta manter a mão sempre na frente do caminho da bola ou o levantamento em que ele se posiciona diretamente abaixo da bola para executar sua tarefa. Assim como anteriormente essas capacidades estão envolvidas com qualquer situação de jogo em que os atletas sejam submetidos a essas tarefas (recepção, levantamento e bloqueio). Um exemplo de jogo é o jogador tentar efetuar recepções bem sucedidas de saques jornadas nas estrelas (saques extremamente altos). Ou um jogo em que os ataque devem ser feitos apenas para cima. Ou seja, o jogador deve lançar a bola o mais alto o possível para passá-la ao outro lado da quadra. Uma outro opção seria formar duas filas, uma de cada lado da quadra, e o jogador da frente realiza uma manchete ou toque (o que o técnico definir) na direção do outro lado e vai para o final da fila.

PONTARIA

Por fim, a pontaria não é entendida como o senso comum a denomina, nesse caso. Ela é definida como a capacidade de mover a mão rápida e precisamente para um alvo pequeno (MAGILL, 2011). No vôlei encontramos essa capacidade associada à habilidade do levantador fazer o contato exatamente no ponto da bola que ele necessita para que o toque seja perfeito, ou à habilidade do receptor deixar a bola bater exatamente no centro entre os antebraços dele. Porém ela associa-se a qualquer ação que exija toque com a bola. Por isso ela pode ser treinada num jogo em que se crie um alvo específico para o levantador, por exemplo um bambolê num canto da rede, pois assim ele terá que desenvolver a habilidade de encostar no ponto preciso para levar a bola ao local predefinido. Ou qualquer jogo que promova contato rápido com a bola, ou seja, qualquer jogo ou minijogo de voleibol, praticamente.

PROFICIÊNCIA FÍSICA

Além das capacidades motoras perceptivas, Fleishman (1972) identifica outras 9 capacidades que denominou capacidades motoras de proficiência física. A principal diferença dessas para as perceptivas é que elas são relacionadas com o desempenho de habilidades motoras globais, por essa razão, às vezes são chamadas de capacidades motoras condicionantes. Apenas 5 delas estão relacionadas

CAPACIDADES MOTORAS

com o voleibol. Isso porque algumas estão envolvidas com atividades estáticas e/ ou exercícios cíclicos. O que não são características presentes no esporte em questão.

FORÇA ESTÁTICA

Apesar de parecer que essa capacidade está relacionada com estar parado, na verdade isso não é uma condição. Ela é subjacente a qualquer uma das duas opções (estático ou em movimento). Magill (2011) define força estática como a força máxima que alguém pode exercer sobre objetos externos. Sabendo isso, no voleibol observamos essa capacidade principalmente nos saltos, mas também nos movimentos de braço para atacar. Pois são esses os momentos em que os jogadores precisam exercer sua força máxima.

Jogadores com maior força nas pernas saltam mais alto e, portanto, podem obter mais sucesso nos bloqueios ou ataques. Jogadores com mais força nos braços conseguem rebater a bola com mais velocidade e, consequentemente, ter mais efetividade nos ataques. Como já presente no senso comum, treinamento nas academias tem enorme efetividade em aumentar a força. No caso das pernas, Tricoli et al. (2005) demonstram que treinamentos

O VOLEIBOL

de levantamento de peso melhoram os saltos sem contra movimento, com contra movimento, sprints de 10 metros e a carga para uma repetição máxima (1RM). Porém treinamento com saltos verticais, apesar de melhorarem apenas os saltos com contramovimento e 1RM, houve maior melhora dos saltos com contramovimento. Entretanto o autor conclui que exercícios de levantamento de peso produzem ganhos de performance mais amplos do que exercícios com saltos verticais. Isso, talvez porque nesses se tem mais desenvolvimento de mais habilidades físicas e, ainda, melhora na taxa de produção de força aliada. A partir disso, pode-se concluir que uma melhor estratégia para se treinar força estática seja adicionar treinamentos de levantamento de peso em academias, aliados aos de jogo. Ao invés de treinamento com saltos.

FORÇA EXPLOSIVA

Essa é a capacidade de mobilizar energia efetivamente para explosões de esforço muscular (MAGILL, 2011). Ou seja, pode-se chamar essa capacidade de potência muscular. Aqui entra o assunto já tratado anteriormente na seção sobre bloqueio: no voleibol os atletas não são exigidos a saltarem em um curto intervalo de tempo; excluindo

CAPACIDADES MOTORAS

o bloqueio, os jogadores sempre tem um certo tempo para desenvolver a força necessária para saltar. Porém, mesmo que em apenas em um fundamento, como está presente no jogo vale acrescentar essa capacidade aqui e cometar sobre seu treinamento aliado ao voleibol.

Parece não existir uma correlação entre a taxa de desenvolvimento de força e altura do salto. Portanto não há porque submeter os atletas a um treinamento de potência muscular, visto que eles já realizam diversos saltos durante os treinos com bola. Apenas no caso de um atacante de centro (AC) que está com dificuldade de chegar a tempo de bloquear o ataque, cabe reforçar o emprego desse tipo de treinamento (UGRINOWITSCHI et al, 2007).

FLEXIBILIDADE DE EXTENSÃO

Flexibilidade de extensão é a capacidade de flexionar ou alongar alguma parte do corpo ou algum músculo. Essa capacidade tem uma grande importância para o voleibol, visto que os jogadores precisam de uma boa amplitude na articulação do ombro para produzir uma velocidade maior nos ataques (THISSEN-MILDER; MAYHEW, 1991). Inclusive isso é uma característica que jogadores juvenis e de alto nível apresentam bem desenvolvidas

(ALBARELLO et al., 2018).

É comum ver jogadores de elite realizando alongamentos dinâmicos antes de jogos como forma de aquecimento. Talvez eles fazem isso porque parece que apenas esse estímulo já é o suficiente como treinamento para o nível de mobilidade necessário para a maioria das articulações, principalmente para mulheres, visto que homens necessitam de uma maior flexibilidade no quadril para saltarem mais alto (LEE et al., 1989). Além disso, treinamento com alongamento dinâmico para os ombros é vantajoso em relação ao estático. Pois mesmo que aumente a flexibilidade de maneira equivalente, há um aumento de força aliado (ÇELIK, 2017).

Portanto quaisquer exercícios simples de alongamento dinâmico antes de treinos e jogos já são o suficiente para suprir todas as necessidades do jogo de vôlei. Apenas em casos específicos de algum atleta apresentar uma limitação exacerbada caberia acrescentar uma sessão específica para o aperfeiçoamento dessa habilidade no programa de treinamento.

COORDENAÇÃO GLOBAL DO CORPO

Por definição, essa é a capacidade de coordenar a ação de diversas partes do corpo,

CAPACIDADES MOTORAS

enquanto ele está em movimento (MAGILL, 2011). Essa capacidade é possível ser observada em todas as ações de diversos esportes. E no voleibol isso não é diferente. Em todos os fundamentos há coordenação entre diferentes partes do corpo. Mesmo que não pareça, nas manchetes, levantamentos sem salto e saques *underhead* - por exemplo - os jogadores executam ações fundamentais para o sucesso do toque, nas pernas e nos braços.

Por isso, mais uma vez, para se treinar essa capacidade - também - basta submeter o jogador a atividades de jogos ou minijogos competitivos de voleibol que estimule-o a executar todos os fundamentos do jogo. Contudo existem exercícios de coordenação que, principalmente em jogadores juvenis e mulheres, podem exercer um importante papel na prevenção de lesões (HUGHES; WATKINS, 2008). Esses exercícios podem ser feitos no aquecimento de treinos e jogos, assim como os de flexibilidade.

Um possível exemplo de exercício seria os jogadores formarem duplas e se alinharem ao longo da quadra, cada olhando para a sua dupla. Com o uso de duas bolas, os jogadores devem passá-las simultaneamente para a dupla. Um passa uma rolando pelo chão e o outro fazendo o toque por cima da cabeça. E assim continua sem deixar elas pararem ou "fugirem" do controle. Outro exemplo é o jogador assumir a posição de recepção - joelhos flexionados - e realizar rápidos e curtos saltos. Além disso, os saltos devem ser feitos: três com os joelhos para frente, um girando as pernas para direita, três para frente, um para esquerda e assim por diante, por cerca 30s cada série.

EQUILÍBRIO GLOBAL DO CORPO

Magill (2011) define que equilíbrio global do corpo é a capacidade de manter o equilíbrio. Equilíbrio, por sua vez, é a posição estável do corpo, sem oscilações ou desvios, ou seja, manutenção da postura. Isso em movimento ou parado. No voleibol é de extrema importância a habilidade de se manter essa postura enquanto o jogador corre, efetua os fundamentos ou salta. Os principais fundamentos onde essa capacidade manisfesta-se são os ataques e os saques com salto. Isso porque o corpo do atleta está se movendo em mais de um plano espacial ao mesmo tempo.

Assim como a força estática, flexibilidade de extensão e coordenação global do corpo, essa capacidade tem uma importante relação com lesões, uma vez que aterrizagens mal efetuadas por falta de manutenção da postura aumentam muito as chances do estresse sobre algum tendão ser maior do que ele pode suportar. Além do que, sem um bom equilíbrio corporal o indivíduo não consegue executar bem a tarefa desejada. Por isso são extremamente válidos esses treinamentos para atletas de voleibol (ATES et al., 2019).

Como os jogadores já saltam muito durante treinamentos e jogos, há um risco de se gerar excesso de sobrecarga, e consequentemente lesões com treinamentos de equilíbrio. Isso porque é importante se desenvolver o equilíbrio durante saltos, principalmente. Um exemplo de exercício é o atleta repetir saltos com apenas uma perna e aterrizar na mesma condição. Isso de maneira lenda e a fim de manter a postura e nunca encostar a perna levantada no chão.

6
LESÕES

POR DENTRO DO PROBLEMA

Até aqui já vimos como surgiu o esporte, também já foi esclarecido como ele funciona, além disso, já aprendemos como jogar voleibol e por fim como e o que deve ser treinado nessa modalidade. Parece que já foi tudo, mas não podemos nos despedir sem que sejam abordadas as contusões envolvidas com tudo isso.

    O voleibol é um esporte sem contato físico, e é associado com um, não muito grande, número de lesões. Porém o esporte envolve movimentos bruscos e repetidos, como saltos, aterrizagens, bloqueios e cortadas, que fazem com que essas poucas lesões sejam relativamente frequentes na população de praticantes. Como já mencionado anteriormente, esse é o maior esporte do mundo no quesito número de federações nacionais. A partir disso pode-se concluir que há um número enorme de pessoas praticando-o. Por isso, é importantíssimo saber quais são as lesões envolvidas nesse exercício físico. A partir desse conhecimento, pode-se proteger os atletas de forma preventiva, ou até posteriormente,

O VOLEIBOL

no caso dos profissionais da fisioterapia. Só que isso só é possível conhecendo as lesões, ou seja, sabendo o que pode acontecer ou aconteceu com o atleta. (AZUMA et al., 2019).

    A taxa de lesões (TL) - risco de lesões ou a frequência com que alguém se machuca no vôlei - encontrada para jogadores dos campeonatos mundiais, copas do mundo, grand prix, ligas mundiais e jogos olímpicos é de 10,7 lesões para 1000 horas de jogo por jogador (jogador-horas), porém apenas 32,5% dessa lesões causam paralisação do jogo, resultando em uma TL de 3,8/1000 jogador-horas (BERE et al., 2015). Já para jogadores de nível universitário a TL cai para 1,51/1000 jogador-horas (AZUMA et al., 2019), porém esses dados foram obtidos durante treinamentos e competições. O que não acontece no alto nível, onde só são analisadas competições. Além disso Reitmayer (2017), em sua revisão, encontra uma TL média de 3,05/1000±1,06 jogador-horas. Isso mostra que a TL do vôlei é relativamente baixa em comparação com outros esportes (ENGEBRETSEN et al., 2013). Esses dados possibilitam o conhecimento dos riscos de algum indivíduo sofrer alguma lesão praticando o voleibol. Mas isso não é o suficiente para se dominar totalmente o assunto. Para isso, precisa-se entender onde elas acontecem, quais são seus tipos, a severidade e a causa delas e se há relação com o

LESÕES

tipo de especialização do jogador (posição) (BERE et al., 2015; REITMAYER, 2017).

Um dado importante é a relação entre lesões gaves e o total. Ou seja, qual a porcentagem das lesões que causam ausência de jogos e treinos, por parte dos jogadores, por mais de 4 semanas. Bere et al. (2015) mostram que essas lesões são raras e a taxa para elas é 0,3/1000 jogador-horas. O que, de novo, é mais baixo que grande parte dos outros esportes, futebol e râguebi (ENGEBRETSEN et al., 2013). Porém, onde elas acontecem?

Os locais do corpo onde os atletas de voleibol mais se lesionam são: tornozelos, joelhos, dedos, costas, ombros, mãos, rosto, pés, quadril e panturrilhas. Os mais comuns dentre todos os tipos de lesão são os tornozelos, seguidos pelos joelhos, depois dedos, costas e ombros. Contudo,

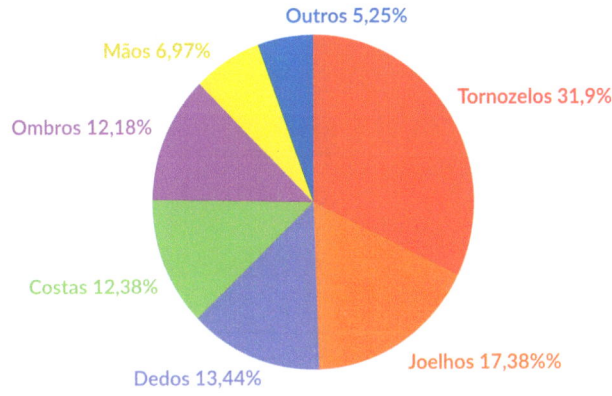

Figura 12 - (REITMAYER, 2017)

O VOLEIBOL

no voleibol de praia o valor do número de lesões nas costas é relativamente maior ao do voleibol de quadra, levando-o à segunda posição nesse esporte, apenas atrás das lesões de tornozelo (figura 12) (REITMAYER, 2017; JUHAN et al., 2019).

No que diz respeito aos tipos de lesão, no voleibol podemos observar as por excesso de sobrecarga e as por algum trauma agudo (quedas, choque, etc.). Nas por excesso de sobrecarga os "campeões" são os joelhos, seguidos pelas costas e ombros. Agora, para lesões por traumas, as dos tornozelos voltam a liderar, mesmo se as separando das do pé - o que alguns estudos não fazem -, e são seguidas pelas lesões nos dedos (AAGAARD; JØRGENSEN, 1996).

No tocante as causas de tudo isso - as causas da tristeza de muitos atletas, por se afastarem de treinos e competições - o grande vilão são os contatos com outros jogadores. Muitos atletas torcem seus tornozelos - por exemplo - numa aterrizagem feita sobre o pé do atacante de centro do time adversário, ou até mesmo de algum companheiro do mesmo time. Outro fator causador de lesão é o excesso de treinamentos de saltos. Esses são responsáveis por muitas tendinopatias em joelhos de atletas. A terceira e última causa são técnicas mal executadas. Estas são os agentes de traumas nos dedos ou até nos joelhos. Por exemplo: no bloqueio, um mal

LESÕES

posicionamento das mãos pode acarretar em uma luxação das articulações dos dedos; ou até qualquer aterrizagem mal executada pode causar rompimento de algum ligamento dos joelhos.

Ademais do que já foi apresentado, cabe mencionar a relação das lesões com as posições de jogo. No que tange aos líberos há uma incidência enorme de lesões nos dedos em comparação às outras posições. Porém, nos tornozelos, eles são de longe os que menos sofrem; sendo os atacantes de ponta e opostos os que mais se lesam nessa parte do corpo. Uma possível explicação para isso é o fato deles (AP e OP) sempre efetuarem saltos numa direção diagonal à quadra e aterrizarem perto da rede. Os opostos também são os mais afetados nos ombros, devido à grande exigência de alta força explosiva nos ataques de fundo. Os atacantes de centro, apesar de não serem líderes disparados em nenhuma das categorias, estão perto do topo em algumas, isso porque estão sempre jogando próximos à rede, o que os torna extremamente vulneráveis à choques com adversários ou até companheiros. Os levantadores são os que menos se machucam no voleibol, apenas nas lesões nas costas eles manifestam valores, em comparação aos outros, altos. Porém essas lesões tem importância secundária no quesito incidência no esporte (BERE et al., 2015).

O VOLEIBOL

PREVENÇÕES

Mesmo não existindo evidências de que qualquer tipo suporte externo ao corpo tenha efeito positivo na prevenção de lesões. É comum ver jogadores de alto nível usando, durante jogos e treinos, tornozeleiras, fitas na patela e fitas nas articulações dos dedos. Entretanto esses podem ser instrumentos importantes para atletas que já sofreram tipo de lesão relacionada. Pois é possível que esses objetos ajudem na propriocepção, e, consequentemente, nas técnicas dos fundamentos (REESER et al., 2006).

Técnica, por sua vez, tem um papel importante nessa prevenção. Uma vez identificada uma técnica mal executada, cabe ao técnico instruir o atleta a uma que promova uma carga mecânica menor. Lesões nos ombros, principalmente, mas também nos joelhos e tornozelos podem ser evitadas com essa estratégia. Outro ponto importante para os técnicos é o controle da carga de treino.

Cabe ao treinador, também, evitar que seus atletas sofram lesões por excesso de sobrecarga. É importante estar atento durante todo o período de treinamento na condição física dos jogadores. Pois, se com fadiga em excesso, a pessoa perde parte da condição do músculo como protetor das articulações. Mas também é importante atentar à falta de carga.

LESÕES

Se a articulação não for exigida o suficiente para se ajustar o necessário para desempenhar nas competições. Quando o atleta for exigido ele pode se machucar. Isso acontece principalmente nos ombros e joelhos.

Uma última possível estratégia na prevenção de lesões é o ajuste de algumas regras. Alinhado ao fato de que a torção de tornozelo é a lesão mais comum do esporte em questão, e ela é causada principalmente pelo contado entre atletas rivais, uma possível regra que limite esse contato - como proibir qualquer toque na linha central ou uma limitação máxima de bloqueadores por ataque - poderia causar efeitos positivos na diminuição do número de lesões. Porém, antes elas precisariam ser testadas, para ver se não atrapalham no desenvolver do jogo e se tem esse potencial preventivo mesmo.

CONCLUSÃO

HORA DE VENCER

Dominar todos os fundamentos do voleibol exige um bom tempo de prática, porém é possível para qualquer pessoa. Basta que o indivíduo seja submetido às técnicas já apresentadas nesse livro, e se dedique para isso. Mas vale a pena, visto que o voleibol é um esporte que pode durar sempre. Se praticado corretamente é possível viver livre de lesões e, ainda, se manter ativo na modalidade por toda a vida.

Com relação as capacidades motoras, como definido anteriormente, elas são uma barreira apenas para o mais alto nível, dado que são o potencial máximo, ou, em outras palavras: o último estágio da evolução técnica. Por isso, todos podem começar a jogar vôlei agora. Mas ainda, para esse tema, são necessários muitos estudos para se dominar com uma boa precisão quais são todas as habilidades e capacidades subjacentes aos fundamentos desse esporte. Visto que não foi encontrada uma vasta literatura específica.

Com a demanda física isso já não acontece.

O VOLEIBOL

Como ela já está muito bem definida, está, portanto, dominada. Aqueles que fizerem uma mínima busca online, já poderão encontrar que os atletas necessitam de treinos com esforços de característica anaeróbia alática, com duração de aproximadamente 7 segundos e intercalados com descansos de 16 à 20 segundos, aproximadamente.

Isso também acontece com os sistemas de jogo. Não é segredo para ninguém quais são as táticas adotadas em todo o mundo por técnicos de todos os níveis, inclusive pelos que dirigem times campões olímpicos.

Com a história do esporte, acontece a mesma coisa. Amplamente divulgada, todos podem encontrar na internet ou nas bibliotecas do mundo como William George Morgan criou, em 1895, o Mintonette. Esporte, esse que encanta e move um número gigantesco de pessoas ao redor do mundo desde sua criação, com suas competições disputadíssimas, até os dias de hoje.

Agora que já vimos tudo que envolve o voleibol, chegou a hora de por em prática todo esse conhecimento. Jogando, ensinando, organizando, orientando, de qualquer maneira tudo isso pode ser utilizado. Assim como, para qualquer um. Não importa se você apenas gosta de assistir grandes jogos ou se é um assíduo praticante do esporte. Esse livro pode ser uma ferramenta importante. Pode

CONCLUSÃO

funcionar como um aprimorador do seu de jogo, uma boa referência para um futuro trabalho acadêmico ou, até um enriquecedor de seus argumentos durante bate-papos com colegas.

REFERÊNCIAS

AAGAARD, H.; JØRGENSEN, U. Injuries in elite volleyball. **The Scandinavian Journal of Medicine & Science in Sports**, Hoboken, v. 6, n. 4, p. 228-232, 1996.

ALBARELLO, H. et al. Características antropométricas, físicas e cardiorrespiratórias de jovens atletas de voleibol feminino. **Revista Saúde e Pesquisa**, Maringá, v. 11, n. 2, p. 205-212, 2018.

ALMEIDA, L. B. et al. Análise das características fisiológicas do voleibol através da caracterização dos tempos de jogo em um campeonato masculino juvenil. In: Congresso Internacional de Pedagogia do Esporte, 6., 2015, Maringá. **Seminários**... Maringá: UEM, 2015.

ATES, N. et al. Investigation of the relationship between anthropometric properties and balance performance of volleyball players. **Archives of Medical Research**, Amsterdã, v. 11, n. 1, p. 7-15, 2019.

AZUMA, N. et al. Injuries associated with Japanese high-school men's volleyball: a two-year survey and analysis. **Journal of physical therapy science**, Tóquio, v. 31, n. 8, p. 656-660, 2019.

REFERÊNCIAS

BERE, T. et al. Injury risk is low among world-class volleyball players: 4-year data from the FIVB Injury Surveillance System. **British Journal of Sports Medicine**, Londres, v. 49, n. 17, p. 1132-1137, 2015.

COSSIO-BOLAÑOS, M. A. et al. Métodos de ensino nos jogos esportivos. **Movimento & Percepção**, Espírito Santo do Pinhal, v. 10, n. 15, p. 264-273, 2009.

ÇELIK, A. Acute effects of cyclic versus static stretching on shoulder flexibility, strength, and spike speed in volleyball players. **The Turkish Journal of Physical Medicine and Rehabilitation**, Istambul, v. 63, n. 2, p. 124-132, 2017.

DEARING, J. **Volleyball fundamentals**. Champaign: Human Kinetics, 2003.

ENCYCLOPEDIA BRITTANICA. Volleyball. Disponível em: <https://www.britannica.com/sports/volleyball>. Acesso em 30 jun. 2020.

ENGEBRETSEN, L. et al. Sports injuries and illnesses during the London Summer Olympic Games 2012. **British Journal of Sports Medicine**, Londres, v. 47, n. 7, p. 407-414, 2013.

FÉDÉRATION INTERNATIONALE DE VOLLEYBALL. **Official Volleyball Rules 2017-2020**. Paris: FIVB, 2016. Disponível em: <https://www.fivb.com/en/volleyball/thegame_glossary/officialrulesofthegames>. Acesso em 15 mai. 2020.

FIVB. Volleyball: the game. Disponível em: <https://www.fivb.com/en/volleyball/thegame_glossary/history>. Acesso em 30 jun. 2020.

REFERÊNCIAS

FLEISHMAN, E. A. On the relation between abilities, learning, and human performance. **American Psychologist**, Washington, v. 27, n. 11, p. 1017-1032, 1972.

HÄYRINEN, M. et al. Time analysis of men's and youth boy's top-level volleyball. **British Journal of Sports Medicine**, Londres, v. 45, n. 6, p. 542, 2011.

HUGHES, G.; WATKINS, J. Lower Limb Coordination and Stiffness During Landing from Volleyball Block Jumps. **Research in Sports Medicine**, Londres, v. 16, n. 2, p. 138-154, 2008.

JUHAN, T. et al. A Comparison of collegiate women's court and beach volleyball injury data: a three year retrospective analysis. **Orthopaedic Journal of Sports Medicine**, Thousand Oaks, v. 7, n. 7, 2019. Supplement 5

KELLY, Z. **Volleyball, basics of the game**. Vero Beach: Rourke Corp., 1998.

LEE, E. J. et al. Flexibility characteristics of elite female and male volleyball players. **The Journal of Sports Medicine and Physical Fitness**, Torino, v. 29, n. 1, p. 49-51, 1989.

MAGILL, R. A. **Aprendizagem e controle motor:** conceitos e aplicações. 8th ed. São Paulo: Phorte Editore Ltda., 2011.

OLYMPICS. Volleyball: a brief history. Disponível em: <https://www.olympic.org/news/volleyball-a-brief-history>. Acesso em 30 jun. 2020.

PALAO, J. M. et al. Physical actions and work-rest time in men's beach volleyball. **Motriz**, Rio Claro, v. 20 n. 3, p. 257-261, 2014.

REFERÊNCIAS

REESER, J. C. et al. Strategies for the prevention of volleyball related injuries. **British Journal of Sports Medicine**, Londres, v. 40, n. 7, p. 595-600, 2006.

REYMAYER, H. E. A review on volleyball injuries. **Timisoara Physical Education and Rehabilitation Journal**, Varsóvia, v. 10, n. 19, p. 183-188, 2017.

SÁNCHEZ-MORENO, J. et al. Dynamics between playing activities and rest time in high-level men's volleyball. **International Journal of Performance Analysis in Sport**, Londres, v. 16, n. 1, p. 317-331, 2016.

SGMA; USA Volleyball. **A Guide to Volleyball Basics**. 2013. Disponível em: <https://www.teamusa.org/usa-volleyball/~/~/media/f857d78dfdf44897bfeecf6a65229598.ashx>. Acesso em: 19 mai. 2020.

SILVA, M. V.; GRECO, P. J. A influência dos métodos de ensino-aprendizagem-treinamento no desenvolvimento da inteligência e criatividade tática em atletas de futsal. **Rev. bras. Educ. Fís. Esporte**, São Paulo, v. 23, n. 3, p. 297-307, 2009.

THISSEN-MILDER, M.; MAYHEW, J. L. Selection and Classification of High School Volleyball Players From Performance Tests. **The Journal of Sports Medicine and Physical Fitness**, Torino, v. 31, n. 3, p. 380-384, 1991.

TRICOLI, V. et al. Short-term effects on lower-body functional power development: weightlifting vs. vertical jump training programs. **Journal of Strength and Conditioning Research**, Filadélfia, v. 19, n. 2, p. 433-437, 2005.

REFERÊNCIAS

UGRINOWITSCHI, C. et al. Influence of training background on jumping height. **Journal of Strength and Conditioning Research**, Filadélfia, v. 21, n. 3, p. 848-852, 2007.

USA VOLLEYBALL. History of Volleyball Rules. 2007. Disponível em: <https://www.teamusa.org/usa-volleyball/~/~/media/8B32C6A5304A44759B5478C5DE02C7A9.ashx>. Acesso em: 15 mai. 2020.

VUORINEN, K. Modern volleyball analysis and training periodization. In: Coaching science follow-up course, 2., 2017, Jyvaskyla. **Seminários**... Jyvaskyla: University of Jyväskylä, 2018. 108 p.

BIOGRAFIA

O trabalho nesse livro começou durante a pandemia de 2020. Em meio à crise do COVID-19, eu estava sem aulas da faculdade (EEFE-USP), não conseguia treinar meu esporte direito e ninguém podia se encontrar. Em vista disso, meu único contato com a faculdade eram os trabalhos exigidos. Alguns professores, às vezes, passavam provas - que, na verdade, também eram trabalhos só que com prazos mais curtos -. Com o professor de vôlei não foi diferente. Ele pediu para que eu fizesse um trabalho gigantesco, contendo praticamente todos os assuntos relacionados com o esporte. E, apesar de não ser um praticante da modalidade, debrucei-me sobre todo esse conhecimento.

No início, me dedicava apenas uma vez por semana. Mas quando o prazo final (30 de junho) se aproximava, a frequência de dias de trabalho por semana aumentava. Quando estava quase terminando percebi que esse trabalho podia ser uma ferramenta muito útil nas mãos de futuros alunos

BIOGRAFIA

dessa matéria. Por essa razão, decidi completar ainda mais o conteúdo. E assim, durante meses, e principalmente nas últimas semanas, passei o dia sentado em frente ao meu computador escrevendo, lendo, pesquisando, compilando, destrinchando artigos e livros para deixar o trabalho - e futuro livro - o mais completo o possível.

Quando chegou o dia de enviar ainda sentia que não estava tudo certo. Requeria corrigir alguns erros e completar algumas coisas. Mas o trabalho tinha que ser enviando. Porém, isso não era um problema, o livro não tinha data máxima para ser entregue. Diante disso mais algumas boas horas de trabalho foram designadas ao manuscrito, e, agora também, a mais ilustrações e à capa. Mas ainda faltava descobrir como fazer tudo isso chegar às pessoas.

Defronte a uma vasta pesquisa, descobri o KDP - Kindle Direct Publishing© da Amazon©. Uma plataforma simples e bem intuitiva que serve para qualquer pessoa publicar um livro de forma independente. Basta apenas seguir as instruções e completar as informações necessárias. E foi isso que fiz: me instruí à respeito de publicações e poli o livro ao máximo o possível, para que pudesse cumprir com o objetivo definido durante o processo.

Em vista de tudo isso, cabem aqui alguns agradecimentos. Primeiramente ao Professor Doutor

BIOGRAFIA

Carlos Ugrinowitschi por me dar a oportunidade de criar algo, que acredito ser importante, e poder me desenvolver. Também à minha família (mamãe, papai, vovôs e vovós) que ajudou muito propiciando as melhores condições possíveis para tudo isso, e muito mais, acontecer. E, por último mas não menos importante, à minha namorada na época por seus conselhos e amizade que fizeram toda a diferença durante o processo inteiro.

Pedro Apud

www.ingramcontent.com/pod-product-compliance
Lightning Source LLC
Chambersburg PA
CBHW040317220526
45473CB00009B/2464